AF783458

Robin Haunschild

Quantenchemische Untersuchungen an Metallocenverbindungen

Robin Haunschild

QUANTENCHEMISCHE UNTERSUCHUNGEN AN METALLOCENVERBINDUNGEN

ibidem-Verlag
Stuttgart

Bibliografische Information Der Deutschen Bibliothek

Die Deutsche Bibliothek verzeichnet diese Publikation in der Deutschen Nationalbibliografie; detaillierte bibliografische Daten sind im Internet über <http://dnb.ddb.de> abrufbar.

∞

Gedruckt auf alterungsbestndigem, säurefreien Papier

Printed on acid-free paper

ISBN: 3-89821-335-8

© ***ibidem***-Verlag

Stuttgart 2004

Alle Rechte vorbehalten

Das Werk einschließlich aller seiner Teile ist urheberrechtlich geschützt. Jede Verwertung auerhalb der engen Grenzen des Urheberrechtsgesetzes ist ohne Zustimmung des Verlages unzulässig und strafbar. Dies gilt insbesondere für Vervielfältigungen, Übersetzungen, Mikroverfilmungen und elektronische Speicherformen sowie die Einspeicherung und Verarbeitung in elektronischen Systemen.

Printed in Germany

Inhaltsverzeichnis

Tabellenverzeichnis

Abbildungsverzeichnis

Kapitel 1

Einleitung

Metallocenverbindungen gehören zur Stoffklasse der metallorganischen Verbindungen. Sie sind dadurch gekennzeichnet, daß mindestens ein Metallatom im Molekül mindestens eine koordinative Bindung mit einem organischen π-System besitzt. Der Name Metallocen stammt von den prominentesten Vertretern der Metallocenverbindungen, den Sandwich-Komplexen (Ferrocen, Cobaltocen etc.).
Metallocenverbindungen sind für eine Reihe von technischen Anwendungen von großer Bedeutung. Hierzu zählen beispielsweise die molekulare Elektronik [1] und die katalytische Hydrosilylierung [2].

Im Rahmen dieser Studie wurden drei verschiedene (Phosphanylethyl)-cyclopentadienylcobalt-Chelatkomplexe, Cobaltocen, Ferrocen und ein funktionalisiertes Alkinylferrocen quantenchemisch untersucht. Zur Untersuchung wurden die Programme MSINDO [3–5] und Q96 [6–9] verwendet. MSINDO ist ein semiempirisches Rechenprogramm. Es basiert auf der INDO- („intermediate neglect of differential overlap-") Näherung und nutzt die MSINDO-Methode. Q96 ist ein Dichtefunktionalprogramm. Näheres zu

MSINDO wird in Kapitel 2.2 und Q96 sowie anderen Dichtefunktionalmethoden in Kapitel 2.3 erläutert.

1.1 Molekulare Elektronik

Unter dem Begriff „Molekulare Elektronik" versteht man die Technik, Schaltelemente herzustellen, deren Funktion durch ein einzelnes Molekül oder eine kleine Gruppe von Molekülen gegeben ist. Schon in den siebziger Jahren wurde vorgeschlagen, einzelne Moleküle in Schaltelementen zu verwenden. Der Vorteil hierbei besteht darin, daß Moleküle um Größenordnungen kleiner sind als momentan verwendete elektronische Schalter.
Die Funktion molekularer Schaltelemente hängt von den Eigenschaften der verwendeten Moleküle ab. Daher kann man elektronische Schaltelemente mit spezifischen Eigenschaften nach Bedarf herstellen.
Es wurden schon Moleküle hergestellt, die sich wie Dioden verhalten; sie wirken in die eine Richtung wie ein elektrischer Leiter und in die entgegengesetzte Richtung wie ein Isolator.
Neben dynamischen Bauelementen wie z. B. Dioden ist es sehr wichtig, statische Speicherelemente herzustellen. Informationen werden elektronisch bitweise gespeichert. D. h.: Ein Zustand entspricht einer 0, und ein anderer Zustand einer 1. Bisher wurde dies durch Redoxprozesse und Konformationsänderungen mit Molekülen ermöglicht.
Des weiteren besteht der Ansatz in Redoxsystemen pro Molekül nicht nur ein Bit sondern zwei Bit zu speichern. Versucht wurde dies mit dem Zinkkomplex aus Abbildung 1.1. Der neutrale Komplex entspräche einem „00"-Zustand, das Monokation einem „01"-Zustand und das Dikation einem „10"-Zustand.

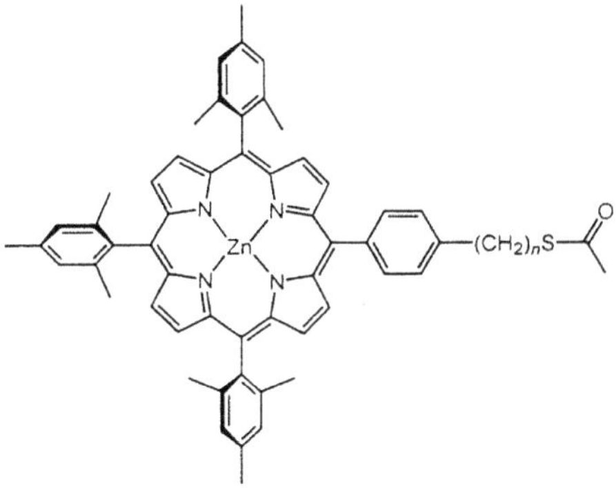

Abbildung 1.1: Zinkoporphyrin als Datenspeicher, $0 \leq n \leq 3$

Für die Verbindung elektronischer Bauelemente benötigt man molekulare Drähte. Dafür eignen sich besonders Moleküle mit ausgedehnten π-Systemen, weil sie einen langreichweitigen Elektronenaustausch ermöglichen. Diese Drähte müssen in Kontakt mit Elektroden stehen. Zur Zeit verwendet man ein Verfahren nach M. Reed [10, 11]. Dabei entstehen Bruchkontakte zwischen zwei Goldelektroden, deren Abstand man auf ein Zehntel Å genau einstellen kann. Die molekularen Drähte werden mit Thiol-Goldbindungen an den Elektroden befestigt.

Um sicherzustellen, daß eine bindende Wechselwirkung zwischen der Thiolgruppe und dem Gold zustande kommen kann, muß man über die Drehbarkeit des Moleküls informiert sein. Ist das eine Ende des Moleküls an die Goldoberfläche gebunden, so ist es unklar, ob ein starres, nicht drehbares Molekül an der anderen Seite ebenfalls eine bindende Wechselwirkung mit der Goldoberfläche eingehen kann. Bei einem leicht drehbaren Molekül kann man davon ausgehen, daß beide Bindungen zustande kommen.

Kommt eine bindende Wechselwirkung zustande, so leitet der molekulare Draht den elektrischen Strom. Man hat allerdings große Probleme damit, nur ein einzelnes Molekül beim Herstellungsprozeß zu verwenden, und die aktuellen analytischen Methoden reichen für eine konkrete Aussage darüber, wieviele Moleküle für die elektrische Leitung zwischen den Elektroden verantwortlich sind, noch nicht aus.

Für die theoretischen Modelle der elektrischen Leitung durch molekulare Drähte wird auf die Literatur verwiesen [12].

Die meisten bisher untersuchten molekularen Drähte sind starr und linear. Das bedeutet, daß keine großen sterischen Wechselwirkungen bei einer Aggregatbildung auftreten. Demnach könnte eine Anlagerung mehrerer Moleküle an den Goldelektroden auftreten. Besser ist es aber, wenn nur ein einzelnes Molekül für die elektrische Leitfähigkeit zwischen zwei Elektroden sorgt. Daher wird die Eignung von verschiedenen funktionalisierten Ferrocenderivaten als molekulare Drähte untersucht.

1.2 Enantioselektive Hydrosilylierung

Die Hydrosilylierung ist ein Zwischenschritt bei der Synthese von Siliconkautschuk und Silicontensiden. Traditionell werden Silicone nach dem Müller-Rochow-Verfahren [13] hergestellt. Großtechnisch werden Methylsilicone immer noch nach diesem Verfahren hergestellt. Dabei wird Chlormethan mit Silicium bei 250 °C bis 300 °C umgesetzt, wodurch ein Gemisch verschiedener Silane entsteht. Dichlordimethylsilan ist das Hauptprodukt. Phenylsilane werden aus Methyldichlorsilan und Chlorbenzol bei Temperaturen zwischen 550 °C und 650 °C hergestellt. Außerdem ist es möglich, Silane unter Verwendung von Grignardverbindungen herzustellen. Dieses Verfahren wird wegen seiner guten Lenkbarkeit der Reaktion hauptsächlich im Labormaßstab verwendet. Großtechnisch wendet man es zur Synthese von Vinylsilanen an.

(Phosphanylethyl)-cyclopentadienylcobalt-Chelatkomplexe ermöglichen eine katalytische Hydrosilylierung unter milden Bedingungen mit guten Ausbeuten. Stellt man im Katalysator eine chirale Information zur Verfügung, so kann man die Reaktion auch enantioselektiv mit hohen Enantiomerenüberschüssen durchführen.

In der vorliegenden Studie wurde untersucht, ob die Hoffnung gerechtfertigt ist, daß sich das funktionalisierte Alkinylferrocen ($FeS_2O_2C_{30}H_{22}$) für die Verwendung im Bereich der molekularen Elektronik eignet. Des weiteren wurde überprüft, ob der (Phosphanylethyl)-cyclopentadienylcobalt-Chelatkomplex ($CoClPO_2C_{27}H_{20}$) ein globales Minimum in der gewünschten Konstitution und Konfiguration hat.

Kapitel 2

Theoretische Grundlagen

Die Schrödingergleichung (2.1) ist die Grundlage für alle quantenchemischen Berechnungen. Sie lautet:

$$\hat{H}\Psi = \mathrm{E}\Psi \tag{2.1}$$

$\hat{H}$ ist der Hamilton-Operator des betrachteten Systems, E die dazugehörige Gesamtenergie und Ψ die Wellenfunktion, die das System vollständig beschreibt. Für ein System mit n Elektronen und M Kernen lautet der Hamilton-Operator unter Vernachlässigung relativistischer Effekte wie folgt.

$$\begin{aligned} \hat{H} = & -\sum_{A}^{M} \frac{1}{2m_A}\nabla_A^2 - \sum_{i}^{n} \frac{1}{2}\nabla_i^2 - \sum_{i}^{n}\sum_{A}^{M} \frac{Z_A}{r_{iA}} \\ & + \sum_{i}^{n}\sum_{j>i}^{n} \frac{1}{r_{ij}} + \sum_{A}^{M}\sum_{B>A}^{M} \frac{Z_A Z_B}{R_{AB}} \end{aligned} \tag{2.2}$$

A und B bezeichnen Kerne und i und j Elektronen. Z_A und Z_B sind die Kernladungen, m_A stellt das Verhältnis der Masse von Kern A zur Masse eines Elektrons dar. Der erste Term in (2.2) beschreibt die kinetische Energie der

Kerne. Die kinetische Energie der Elektronen wird durch den zweiten Term beschrieben. Durch den dritten Term wird die Anziehung zwischen Kernen und Elektronen berücksichtigt. Die Elektron-Elektron-Abstoßung wird durch den vierten Term repräsentiert. Der fünfte Term beschreibt die Kern-Kern-Abstoßung. Im Rahmen der Born-Oppenheimer-Näherung werden die Bewegungen der Kerne relativ zu den Elektronen vernachlässigt. Diese Annahme ist gerechtfertigt, weil die Elektronen sich wegen ihrer bedeutend geringeren Masse viel schneller bewegen als die Kerne. Daher passen die Elektronen sich einer eventuellen Kernbewegung sofort an. Anschaulich bedeutet dies, daß die kinetische Energie der Kerne vernachlässigbar gering und die Kern-Kern-Abstoßung bei starrem Kerngerüst eine Konstante ist. Daher definiert man den elektronischen Hamilton-Operator (2.3).

$$\hat{H}^{\mathrm{el}} = -\sum_{i}^{n} \frac{1}{2}\nabla_i^2 - \sum_{i}^{n}\sum_{A}^{M} \frac{Z_A}{r_{iA}} + \sum_{i}^{n}\sum_{j>i}^{n} \frac{1}{r_{ij}} \tag{2.3}$$

Der elektronische Hamilton-Operator wird häufig als Summe aus Ein- und Zweielektronen-Operator $\hat{h}_1^{\mathrm{el}}$ und $\hat{h}_{12}^{\mathrm{el}}$ geschrieben:

$$\hat{H}^{\mathrm{el}} = \sum_{i}^{n} \hat{h}_1^{\mathrm{el}}(i) + \sum_{j>i}^{n} \hat{h}_{12}^{\mathrm{el}}(i,j) \tag{2.4}$$

mit:

$$\hat{h}_1^{\mathrm{el}}(i) = -\frac{1}{2}\nabla_i^2 - \sum_{A}^{M} \frac{Z_A}{r_{iA}} \quad \text{und} \quad \hat{h}_{12}^{\mathrm{el}}(i,j) = \frac{1}{r_{ij}} \tag{2.5}$$

Dabei enthält der Einelektronen-Operator ($\hat{h}_1^{\mathrm{el}}$) die kinetische Energie der Elektronen und die Kern-Elektron-Anziehung. Der Zweielektronen-Operator ($\hat{h}_{12}^{\mathrm{el}}$) enthält die Elektron-Elektron-Abstoßung.

2.1 Das Hartree-Fock-Verfahren

Die Schrödingergleichung ist nur für Einelektronensysteme (wie z. B. das Wasserstoffatom) exakt lösbar. Wegen der Elektron-Elektron-Wechselwirkung ist sie für Mehrelektronensyteme nicht mehr separierbar. Daher muß man weitere Näherungen einführen, um dennoch eine Lösung finden zu können. Man nähert die Wellenfunktion Ψ im Hartree-Fock-Verfahren durch eine Slaterdeterminante Ψ_0 [14]. Für ein System mit $2n$ Elektronen hat sie die folgende Form:

$$\Psi_0 = \frac{1}{\sqrt{2n!}} \begin{vmatrix} \chi_1(\mathbf{q}_1) & \chi_2(\mathbf{q}_1) & \cdots & \chi_{2n}(\mathbf{q}_1) \\ \chi_1(\mathbf{q}_2) & \chi_2(\mathbf{q}_2) & \cdots & \chi_{2n}(\mathbf{q}_2) \\ \vdots & \vdots & \ddots & \vdots \\ \chi_1(\mathbf{q}_{2n}) & \chi_2(\mathbf{q}_{2n}) & \cdots & \chi_{2n}(\mathbf{q}_{2n}) \end{vmatrix} \tag{2.6}$$

Dabei ist $\mathbf{q} = \mathbf{q}(\mathbf{r}, s)$ eine Funktion der Raumkoordinaten $\mathbf{r}$ und der Spinkoordinate s eines Elektrons. χ sind Spinorbitale, Produkte eines Raumorbitals $\psi(\mathbf{r})$ und einer Spinfunktion $\omega(s)$. Die Spinorbitale sind orthonormiert. Im Fall geschlossenschaliger Systeme sind die Raumorbitale paarweise identisch:

$$\begin{aligned} \chi_{2i-1}(\mathbf{q}) &= \psi_i(\mathbf{r})\omega(+\frac{1}{2}) = \psi_i(\mathbf{r})\alpha \\ \chi_{2i}(\mathbf{q}) &= \psi_i(\mathbf{r})\omega(-\frac{1}{2}) = \psi_i(\mathbf{r})\beta \\ \langle\chi_i|\chi_j\rangle &= \delta_{ij} \end{aligned} \tag{2.7}$$

Die Verwendung einer Slaterdeterminate als Näherung der Gesamtwellenfunktion ist sinnvoll. Sie enthält eine wichtige Voraussetzung: Sie erfüllt das Pauli-Prinzip der geforderten Antisymmetrie der Wellenfunktion von Fermionen. Vertauscht man zwei Zeilen der Determinante, so wechselt ihr Wert das Vorzeichen. Sind zwei Zeilen der Slater-Determinante identisch, so verschwindet sie. Das entspricht dem Pauli-Verbot, wonach keine zwei Elektronen im selben System in allen Quantenzahlen übereinstimmen dürfen. Daher ergibt sich der Energieerwartungswert für ein geschlossenschaliges System im Hartree-Fock-Verfahren nach Integration über die Spinkoordinaten aus:

$$E_0^{\mathrm{HF}} = \left\langle \Psi_0 \middle| \hat{F} \middle| \Psi_0 \right\rangle = 2\sum_i^n h_{ii} + \sum_i^n \sum_j^n (2J_{ij} - K_{ij}) \tag{2.8}$$

mit:

$$\begin{aligned} h_{ii} &= \int \psi_i^*(1)\hat{h}_1^{\mathrm{el}}(i)\psi_i(1)\; d\mathbf{r}_1 = \left\langle i \middle| \hat{h}_1^{\mathrm{el}} \middle| i \right\rangle \\ J_{ij} &= \iint \psi_i^*(1)\psi_j^*(2)\hat{h}_{12}^{\mathrm{el}}\psi_j(1)\psi_i(2)\; d\mathbf{r}_1 d\mathbf{r}_2 = (ii|jj) \\ K_{ij} &= \iint \psi_i^*(1)\psi_j^*(2)\hat{h}_{12}^{\mathrm{el}}\psi_j(1)\psi_i(2)\; d\mathbf{r}_1 d\mathbf{r}_2 = (ij|ij) \end{aligned} \tag{2.9}$$

J_{ij} entspricht der klassischen Coulomb-Wechselwirkung zwischen Elektronen. Daher wird es als Coulomb-Integral bezeichnet. Für K_{ij} gibt es kein klassisches Analogon. Es wird als Austauschintegral bezeichnet.

Nach dem Variationsprinzip ist die exakte Energie immer niedriger als die Energie einer Näherungslösung. Daher wird eine Variation von (2.8) unter Berücksichtigung der Orthogonalität der Orbitale als Nebenbedingung durchgeführt. Daraus resultieren die Hartree-Fock-Gleichungen (Pseudoeigenwertgleichungen) [15] (2.10).

$$\hat{F}\psi_i = \epsilon_i \psi_i \tag{2.10}$$

Die Raumorbitale ψ_i sind dabei Eigenfunktionen des effektiven Einelektronenoperators, des Fockoperators $\hat{F}$. Sie stellen die energetisch besten Orbitale des Eindeterminantenansatzes dar. Analog zu den Coulomb- und Austauschintegralen können ein Coulomboperator $\hat{J}_j$ und ein Austauschoperator

$\hat{K}_j$ definiert werden.

$$\begin{aligned} \hat{F}(1) &= \hat{h}_1^{\mathrm{el}}(1) + \sum_j^n \left[2\hat{J}_j(1) - \hat{K}_j(1)\right] \qquad (2.11) \\ \text{mit}: \quad \hat{J}_j(1)\psi_i(1) &= \int \psi_j^*(2)\hat{h}_{12}^{\mathrm{el}}\psi_j(2)\, d\mathbf{r}_2\psi_i(1) \\ \hat{K}_j(1)\psi_i(1) &= \int \psi_j^*(2)\hat{h}_{12}^{\mathrm{el}}\psi_i(2)\, d\mathbf{r}_2\psi_j(1) \end{aligned}$$

Coulomb- und Austauschoperatoren sind also über die jeweilige Wirkung, die sie auf ein Raumorbital ψ_i haben, definiert. Die Eigenwerte ϵ_i sind Orbitalenergien, und ihre negativen Werte entsprechen dabei nach dem Koopmans-Theorem in einer ersten Näherung den Ionisierungsenergien.

Die Raumorbitale werden in einen Satz von Basisfunktionen entwickelt (2.12):

$$\psi_i = \sum_\mu^m c_{\mu i}\phi_\mu \qquad (2.12)$$

Dadurch können die Hartree-Fock-Gleichungen in eine Matrixdarstellung (2.13) überführt werden.

$$\mathbf{FC} = \mathbf{SC}\epsilon \qquad (2.13)$$

In (2.13) ist $\mathbf{C}$ die Koeffizientenmatrix und $\mathbf{S}$ die Überlappungsmatrix. Die Fockmatrix $\mathbf{F}$ ist von den Entwicklungskoeffizienten $c_{\mu i}$ abhängig. Daher können die Hartree-Fock-Gleichungen nur iterativ gelöst werden. Dies geschieht durch das Self-Consistent-Field- (SCF-) Verfahren.

Die Elemente $F_{\mu\nu}$ der Fockmatrix $\mathbf{F}$ werden mit Hilfe von Integralen über Atomorbitale berechnet. Für ein geschlossenschaliges System gelten die folgenden Ausdrücke:

$$\begin{aligned} F_{\mu\nu} &= \left\langle \mu \middle| \hat{F} \middle| \nu \right\rangle = h_{\mu\nu} + \sum_\sigma^m \sum_\tau^m P_{\sigma\tau}\left[\left(\mu\nu\middle|\sigma\tau\right) - \frac{1}{2}\left(\mu\tau\middle|\sigma\nu\right)\right] \qquad (2.14) \\ E_{\mathrm{HF}}^{\mathrm{el}} &= \frac{1}{2}\sum_\mu^m \sum_\nu^m P_{\mu\nu}\left(h_{\mu\nu} + F_{\mu\nu}\right) \end{aligned}$$

mit:

$$\begin{aligned} h_{\mu\nu} &= \left\langle \mu^* \middle| \hat{h}_1^{\text{el}} \middle| \nu \right\rangle \\ \left(\mu\nu \middle| \sigma\tau\right) &= \iint \mu^*(1)\sigma^*(2)\hat{h}_{12}^{\text{el}}\nu(1)\tau(2)\ d\mathbf{r}_1 d\mathbf{r}_2 \\ P_{\mu\nu} &= 2\sum_i^n c_{\mu i}c_{\nu i} \end{aligned} \tag{2.15}$$

$h_{\mu\nu}$ bezeichnet in (2.14) und (2.15) ein Element der Rumpfmatrix $\mathbf{H}$. $P_{\mu\nu}$ ist ein Element der Dichtematrix $\mathbf{P}$.

2.2 Die semiempirische Methode MSINDO

Die Methode MSINDO [3–5] („modified symmetrically orthogonalized intermediate neglect of differential overlap") basiert auf der INDO-Näherung. In der ZDO-Näherung (zero differential overlap) wird die Überlappung nicht identischer Atomorbitale vernachlässigt. Dadurch verschwinden alle Drei- und Vierzentrenintegrale. Die CNDO-Näherung (complete neglect of differential overlap) befolgt die ZDO-Näherung streng. Es bleiben Coulombintegrale der folgenden Form erhalten:

$$(\mu\nu|\sigma\tau) = \delta_{\mu\nu}\delta_{\sigma\tau}(\mu\mu|\sigma\sigma) \tag{2.16}$$

MSINDO nimmt ein paar Vernachlässigungen zurück. Es bleiben ebenfalls die Coulomb-Integrale gemäß (2.16) erhalten. Des weiteren wird die ZDO-Näherung nur auf Zweielektronen-Zweizentren-Integrale strikt angewendet. Einzentren-Einelektronenabstoßungs-Integrale der Form $(\mu_A\nu_A|\sigma_A\tau_A)$ bleiben zum Teil erhalten.

MSINDO verwendet einen pseudo-minimalen Basissatz. Für Einzentren-

und Zweizentrenintegrale stehen zwei verschiedene Orbitalexponenten zur Verfügung. Die inneren Schalen werden durch Pseudopotentiale beschrieben. Des weiteren ist es möglich, zur Simulation von Wasserstoffbrückenbindungen den Wasserstoffatomen p-Funktionen hinzuzufügen.

Für die Berechnung der Einzentrenelemente der Rumpfmatrix $\mathbf{H}$ gelten die folgenden Zusammenhänge:

$$\begin{aligned} H_{\mu_A\mu_A} &= U_{\mu_A} + \sum_{B\neq A}\left(V^B_{\mu_A\mu_A} + V^{B,corr}_{\mu_A\mu_A}\right) \\ &\quad - \sum_{B\neq A}\sum_{\rho_B} S^2_{\mu_A\rho_B}\epsilon_{\rho_B} \end{aligned} \tag{2.17}$$

$$H_{\mu_A\mu'_A} = \sum_{B\neq A}\left(V^B_{\mu_A\mu'_A} + V^{B,corr}_{\mu_A\mu'_A}\right) - \sum_{B\neq A}\sum_{\rho_B} S_{\mu_A\rho_B}S_{\mu'_A\rho_B}\epsilon_{\rho_B}$$

$$\text{mit} \quad U_{\mu_A} = \left\langle \mu_A \left| -\frac{1}{2}\nabla^2 - \frac{Z_A}{r_{iA}} \right| \mu_A \right\rangle \tag{2.18}$$

$$V^B_{\mu_A\mu'_A} = \left\langle \mu_A \left| -\frac{Z_B}{r_{iB}} \right| \mu'_A \right\rangle$$

Die richtungsabhängigen Effekte in Zweielektronenintegralen werden durch den Korrekturterm $V^{B,corr}_{\mu_A\mu_A}$ beschrieben. Die jeweils letzten Terme in (2.17) beschreiben die Wechselwirkung der Valenzorbitale mit dem Pseudopotential. Gemäß der folgenden modifizierten Mulliken-Näherung werden die Einelektronen-Zweizentren-Integrale aus den Elementen der Überlappungsmatrix und den entsprechenden Diagonalelementen der Rumpfmatrix sowie einem empirisch anzupassenden Korrekturterm berechnet:

$$H_{\mu_A\nu_B} = \frac{1}{2}S_{\mu_A\nu_A} + \left(H_{\mu_A\mu_A} + H_{\nu_B\nu_B}\right) + L_{\mu_A\nu_B} \tag{2.19}$$

$$L_{\mu_A\nu_B} = -\frac{1}{2}\left(\zeta^2_{\mu_A} + \zeta^2_{\nu_B}\right)\frac{S_{\mu_A\nu_B}\left(1 - S_{\mu_A\nu_B}\right)}{1+\rho}$$

$$\text{mit :} \quad \rho = \frac{1}{2}\left(\zeta^2_{\mu_A} + \zeta^2_{\nu_B}\right) R_{AB}$$

Zweielektronen-Zweizentren-Integrale werden in MSINDO gemäß dem INDO-Formalismus analytisch über s-Funktionen berechnet. Um die ZDO-Näherung rechtfertigen zu können, werden in MSINDO orthogonalisierte Basisfunktionen verwendet. Die Orthogonalisierung der Rumpfmatrix **H** wird symmetrisch nach Löwdin durchgeführt (2.20).

$$\mathbf{H}^{\lambda} = \mathbf{S}^{-1/2}\mathbf{H}\mathbf{S}^{-1/2} \tag{2.20}$$

Die Transformationsmatrix $\mathbf{S}^{-1/2}$ wird in eine Reihe entwickelt:

$$\mathbf{S}^{-1/2} = \left(\mathbf{E} + \bar{\mathbf{S}}\right)^{-1/2} = \mathbf{E} - \frac{1}{2}\bar{\mathbf{S}} + \frac{3}{8}\bar{\mathbf{S}}^2 - \frac{5}{16}\bar{\mathbf{S}}^3 \pm \cdots \tag{2.21}$$

Dabei ist **E** die Einheitsmatrix. Die Reihenentwicklung wird in MSINDO nach dem ersten Glied abgebrochen, so daß die orthogonalen Elemente der Rumpfmatrix wie folgt lauten:

$$\begin{aligned} H^{\lambda}_{\mu_A\mu_A} &= H_{\mu_A\mu_A} - f^{B,\,\mathrm{orth}} \sum_{B\neq A}\sum_{\nu_B} S_{\mu_A\nu_B} L_{\mu_A\nu_B} \qquad (2.22)\\ H^{\lambda}_{\mu_A\mu'_A} &= H_{\mu_A\mu'_A} - \frac{1}{2} f^{B,\,\mathrm{orth}} \sum_{B\neq A}\sum_{\nu_B} \left(L_{\mu_A\nu_B} S_{\nu_B\mu'_A} + S_{\mu_A\nu_B} L_{\nu_B\mu'_A}\right)\\ H^{\lambda}_{\mu_A\mu_B} &= L_{\mu_A\nu_B} + H^{\mathrm{corr}}_{\mu_A\nu_B} \end{aligned}$$

$H^{\lambda}_{\mu_A\mu_A}$ und $H^{\lambda}_{\mu_A\mu'_A}$ enthalten die kinetische und potentielle Energie, Wechselwirkungen der Pseudopotentiale mit den Valenzorbitalen sowie empirisch angepaßte Korrekturterme. $L_{\mu_A\nu_B}$ stellt einen weiteren empirisch angepaßten Korrekturterm dar. Durch den Abbruch der Reihenentwicklung von $\mathbf{S}^{-1/2}$ ist der Korrekturterm $f^{B,\,\mathrm{orth}}$ notwendig. Der Term $H^{\mathrm{corr}}_{\mu_A\nu_B}$ ist ein empirisch ermittelter Korrekturterm. Er berechnet sich aus:

$$\begin{aligned} H^{\mathrm{corr}}_{\mu_A\nu_B} &= \frac{1}{4}\left(K_A + K_B\right) S_{\mu_A\nu_B} \left(f_A h_{\mu_A\mu_A} + f_B h_{\nu_B\nu_B}\right) \qquad (2.23)\\ \text{mit}: \quad f_A &= 1 - e^{-\kappa p_B(A) R_{AB}}\\ f_B &= 1 - e^{-\kappa p_A(B) R_{AB}} \end{aligned}$$

Er enthält die atomaren Justierparameter K_A und K_B und die Abschirmungsparameter $\kappa_{P_B}(A)$ und $\kappa_{P_A}(B)$. Erstere werden für σ-, π- und δ-Bindungen optimiert. Letztere sind Parameter, die die Stärke der chemischen Bindung zwischen einem Element A (oder B) und den Elementen einer Periode P repräsentieren. Bisher wurden die Elemente H, Li – F, Na – Cl und K – Br in die MSINDO-Parametrisierung aufgenommen.

2.3 Die Kohn-Sham-Methode

Die Energie wird in der Kohn-Sham-Methode als Funktional der elektronischen Dichte $E = E[\rho]$ ausgedrückt. Daher ist die Kohn-Sham-Methode auch als Dichtefunktionaltheorie bekannt (DFT). Man unterscheidet dabei zwischen der lokalen Dichteapproximation (LDA) und gradientenkorrigierten Funktionalen (generalized gradient approximation, GGA). Bei der lokalen Dichteapproximation geht man von einem homogenen Elektronengas aus. Das bedeutet, daß die Elektronendichte ρ in erster Näherung örtlich konstant bleibt. Das Vosko-Wilk-Nusair- (VWN-) Funktional gehört zu den lokalen Funktionalen [16]. Bei den gradientenkorrigierten Funktionalen wird kein homogenes Elektronengas vorausgesetzt. Im Funktional wird zusätzlich der Gradient der Dichte berücksichtigt. Dieser Ansatz findet sich z.B. im Becke-Lee-Yang-Parr- (BLYP-) Austauschkorrelationsfunktional und im Perdew- (P-) Funktional wieder.

Die Austausch- und Korrelationsenergie $E_{xc}[\rho]$ sowie das entsprechende Austausch- und Korrelationspotential $v_{xc}[\rho]$ können unabhängig vom verwendeten Funktional wie folgt geschrieben werden:

$$E_{xc}[\rho] = \int \rho(\mathbf{r})\epsilon_{xc}[\rho]d\mathbf{r} \quad (2.24)$$
$$v_{xc}[\rho] = \frac{\delta E_{xc}[\rho]}{\delta\rho(\mathbf{r})}$$

Die Wahl des Funktionals ist sehr wichtig. Insbesondere bei Übergangsmetallen hat sie einen sehr großen Einfluß auf das Ergebnis, weil hier besonders große Austausch- und Korrelationsenergien auftreten können.
Eine weitere wichtige Rolle spielt die Wahl des Basissatzes. Im Allgemeinen werden bei Dichtefunktionalmethoden kontrahierte Gaußfunktionen (c-GTO, contracted Gaussian-type orbitals) an der Stelle von Slater-Funktionen verwendet. Die Verwendung von Gaußfunktionen hat den folgenden Vorteil: Das Produkt zweier Gaußfunktionen ist wieder eine Gaußfunktion. Somit sind Mehrzentrenintegrale über GTO analytisch lösbar. Je nach Zahl der c-GTO und damit der Zahl unterschiedlicher Gaußexponenten, die zur Beschreibung einer Elektronenschale verwendet werden, spricht man von Doppel-zeta- (DZ-), Tripel-zeta- (TZ-) usw. Basissätzen.

Im Rahmen Studie Arbeit wurde das Dichtefunktionalprogramm Q96 [6–9] für DFT-Rechnungen verwendet.

2.4 Geometrieoptimierung

Die Bestimmung der Molekül- oder Festkörperstruktur einer Substanz stellt eine wichtige Anwendung der Quantenchemie dar. Dazu sucht man die Potentialhyperfläche nach Minima ab. Dabei kann es sich um das globale Minimum oder ein lokales Minimum handeln. Die Energie ist eine Funktion der

Kernkoordinaten **R**. Man nähert die Energie als eine Taylorreihe und bricht nach dem quadratischen Glied ab [14]:

$$E(\mathbf{R}') = E(\mathbf{R}) + \mathbf{q}^T\mathbf{g}(\mathbf{R}) + \frac{1}{2}\mathbf{q}^T\mathbf{H}(\mathbf{R})\mathbf{q} \tag{2.25}$$

Dabei sind **R** die alten und **R'** die neuen Kernkoordinaten, **q** ist die Änderung der Kernkoordinaten ($\mathbf{q} = \mathbf{R}' - \mathbf{R}$), $\mathbf{q}^T$ ist der transponierte Vektor von **q**, **g** der Gradient der Energie und **H** die Hesse-Matrix (auch Kraftkonstanten-Matrix). Sie enthält die zweiten Ableitungen der Energie nach den Kernkoordinaten als Elemente. In der Nähe eines Minimums ist diese Näherung durch die abgebrochene Taylorreihe gerechtfertigt. Aus der Extremalbedingung folgt mit $\mathbf{R}' = \mathbf{R_e}$ unmittelbar:

$$\mathbf{q} = -\mathbf{H}^{-1}(\mathbf{R})\mathbf{g}(\mathbf{R}) \tag{2.26}$$

Dazu darf die Determinante der Hesse-Matrix aber nicht verschwinden. Damit ist **q** die benötigte Auslenkung, um von den aktuellen Kernpositionen in die Gleichgewichtspositionen zu gelangen.

Durch den Abbruch der Taylorreihe (2.25) nach dem quadratischen Glied benötigt man in einer Geometrieoptimierung normalerweise mehr als nur einen Schritt, um das Minimum zu erreichen.

Mathematisch ist die Untersuchung der Energiepotentialhyperfläche auf Minima ein Aufsuchen von stationären Punkten einer Funktion mehrerer Variablen. Dafür stehen eine Reihe numerischer Methoden zur Verfügung, die sich grob in vier unterschiedlich Typen einteilen lassen:

1. Verfahren, die ohne Gradienten auskommen;

2. Methoden mit numerischen Gradienten und zweiten Ableitungen;

3. Methoden, die analytische Gradienten und numerische zweite Ableitungen benutzen;

4. Techniken mit analytischen Gradienten und zweiten Ableitungen.

Bis auf die Verfahren, die ohne Gradienten auskommen, basieren alle auf der Taylorreihenentwicklung (2.25). Die Verfahren (1.) und (2.) werden wegen ihrer relativ großen Ungenauigkeit und schlechten Konvergenz nicht mehr oft angewandt. Die Methoden, die in die vierte Gruppe gehören, liefern zwar die umfassendsten Informationen über die Energiepotentialhyperfläche, aber haben den Nachteil der sehr rechenintensiven zweiten Ableitungen.
Im Newton-Raphson-Verfahren werden die ersten Ableitungen und zweiten Ableitungen der Energie nach den Kernkoordinaten exakt berechnet. Es gehört in die dritte Gruppe. Die Hesse-Matrix wird also numerisch berechnet. Als Alternative stehen die Quasi-Newton-Raphson-Verfahren zur Verfügung. Ihnen ist gemein, daß sie die Hesse-Matrix nähern. Als erste Hesse-Matrix kann die Einheits-Matrix verwendet werden. Sie wird mit jedem Optimierungsschritt verbessert.
Die Qualität der einzelnen Verfahren kann man daran messen, ob der Gradient in der Minimumstruktur tatsächlich verschwindet.
Die verbreitetsten Algorithmen zur Berechnung der neuen Hessematrix (bzw. der Inversen der Hessematrix) aus der alten Kraftkonstantenmatrix sind:

- der Davidson-Fletcher-Powell-Algorithmus [17],
- der Murtagh-Sargent-Algorithmus [18] und
- der Broyden-Fletcher-Goldfarb-Shanno-Algrithmus [19].

Mit Geometrieoptimierungen können nicht nur Minima, sondern auch Sattelpunkte der Energie gesucht werden. Man wendet diese Variante an, um Übergangszustände zu berechnen. Dies ist sehr nützlich, um z.B. experimentell nicht zugängliche Strukturen zu untersuchen.

2.5 Molekulardynamik

Je größer ein Molekül ist, desto mehr Konformere von ihm sind denkbar. Daher ist es schwierig, alle Minima (insbesondere das globale Minimum) mit einer oder mit mehreren Geometrieoptimierungen zu erfassen.
Daraus ergibt sich ein Anwendungspunkt der Molekulardynamik. Sie ermöglicht die Simulation von Molekülen bei verschiedenen Temperaturen. Außerdem lassen sich einige Eigenschaften von Substanzen wie z.B. Diffusionskoeffizienten und Schwingungsspektren berechnen.
Man beginnt mit einer beliebigen Struktur des Moleküls und weist jedem Atom eine Geschwindigkeit zu.
Die Temperatur des Systems berechnet sich aus:

$$T = \frac{1}{N_f k_B} \sum_{i=1}^{N} m_i \mathbf{v}_i^2 \tag{2.27}$$

Dabei ist k_B die Boltzmann-Konstante, N_f die Anzahl der Freiheitsgrade, m_i die Masse und $\mathbf{v}_i$ die Geschwindigkeit des Atoms i. Nun werden die Geschwindigkeiten der einzelnen Atome linear skaliert, bis die Zieltemperatur erreicht ist.

$$\mathbf{v}' = \sqrt{\frac{T'}{T}}\mathbf{v} \tag{2.28}$$

Dabei sind $\mathbf{v}$ und T die aktuelle Geschwindigkeit und Temperatur, $\mathbf{v}'$ die neue Geschwindigkeit und T' die gewünschte Temperatur bei der molekulardynamischen Simulation. Die Kraft, die auf jedes Atom wirkt, wird nach Newtons zweitem Gesetz (2.29) berechnet. Dannach werden die neuen Koordinaten und die neue Geschwindigkeit jedes Atoms jeweils nach einem bestimmten Zeitschritt dt berechnet.

$$F_{\mathbf{q},i} = -\frac{\partial E}{\partial \mathbf{q}_i} \tag{2.29}$$

In (2.29) ist $F_{\mathbf{q},i}$ die Kraft, die auf das Atom i an der Position $\mathbf{q}$ wirkt. Man integriert Gleichung 2.29, um die aktuellen Kernpositionen und Geschwindigkeiten zu erhalten. Es ergibt sich:

$$\begin{aligned}
\mathbf{q}_i(t+dt) &= \mathbf{q}_i(t) + \mathbf{v}_i(t)dt + \frac{1}{2}\mathbf{a}_i(t)dt^2 \\
\mathbf{v}_i(t+\frac{dt}{2}) &= \mathbf{v}_i(t)\frac{1}{2}\mathbf{a}_i(t)dt \\
\mathbf{v}_i(t+dt) &= \mathbf{v}_i(t+\frac{dt}{2}) + \frac{1}{2}\mathbf{a}_i(t+dt)dt \\
\text{mit} \quad \mathbf{a}_i & \quad \text{als Beschleunigung vom Atom } i
\end{aligned} \tag{2.30}$$

Dabei ist dt die Zeit, die einem Zeitschritt entspricht. So erhält man verschiedene Konformere durch atomare Bewegung. Die erhöhte Temperatur ermöglicht es den Molekülen, Energiebarrieren zu überwinden. Dadurch ist es möglich, andere Gebiete der Energiepotentialhyperfläche zu erreichen.

Bei den Zeitschritten empfiehlt es sich, sich an den schnellsten Schwingungen im System zu orientieren; $\frac{1}{10}$ der Periode der schnellsten Schwingung reicht meistens aus [14]. Häufig werden Schrittweiten in der Größenordnung von 1 fs verwendet.

Die verbreitetsten Prozesse in der Molekulardynamik, die die oben vorgestellte Prozedur nutzen, sind:

- das simulated annealing,
- die Simulation eines mikrokanonischen Ensembles oder
- eines kanonischen Ensembles.

Beim simulated annealing wird das System innerhalb einer relativ geringen Schrittanzahl auf eine bestimmte Temperatur geheizt. Anschließend gibt man dem System eine bestimmte Zeit zur Gleichgewichtseinstellung (deutlich mehr als zum Erhitzen) und kühlt das System dann langsam ab. Die maximale Temperatur sollte so hoch sein, daß das System genügend Energie besitzt, um alle Energiebarrieren überwinden zu können, ohne zu zerfallen. Man hofft, daß es sich in der Struktur des globalen Minimums nach Simulationsende wiederfindet.

Beim mikrokanonischen Ensemble bleiben Stoffmenge, Volumen und Energie innerhalb des Systems konstant. Einige Eigenschaften wie z.B. Wärmekapazitäten des Systems lassen sich durch eine solche Simulation berechnen. Die Geschwindigkeiten werden hierbei nicht skaliert.

Beim kanonischen Ensemble bleiben Stoffmenge, Volumen und Temperatur innerhalb des Systems konstant. Aus einer solchen Simulation lassen sich z.B. Schwingungsspektren berechnen. Außerdem läßt sich die Rotation von Molekülen bei verschiedenen Temperaturen mit einer solchen Simulation gut untersuchen.
Bei Rechnungen mit konstanter Temperatur wurde in der vorliegenden Arbeit der Nosé-Hoover-Thermostat [20] verwendet. Für die exakte Funktionsweise sei auf die Literatur verwiesen [20].

Zur Berechnung von Schwingungsspektren benötigt man die normierte Geschwindigkeits-Korrelations-Funktion:

$$G(\tau) = \frac{\langle \mathbf{v}_i(t_0)\mathbf{v}_i(t_0+\tau)\rangle}{\langle \mathbf{v}_i(t_0)\mathbf{v}_i(t_0)\rangle} \tag{2.31}$$

τ ist dabei die Korrelationslänge, und t_0 ist der Korrelationsursprung. Um ein Schwingungsspektrum zu erhalten, wendet man auf die Geschwindigkeits-Korrelations-Funktion eine Fourier-Transformation an:

$$G(\omega) = \frac{1}{t_{total}} \int_0^{t_{total}} G(\tau)\cos(\omega\tau)d\tau \tag{2.32}$$

Dabei ist t_{total} die Zeit, die in G enthalten ist.

Kapitel 3

Ergebnisse und Diskussion

3.1 Untersuchungen von Eisenkomplexverbindungen

Zunächst wurden Simulationen des unsubstituierten Ferrocens vorgenommen. Es wurden Geometrieoptimierungen durchgeführt und die Rotationsbarriere für die Drehung der Cyclopentadienylringe berechnet.
Die erhaltenen Daten wurden mit experimentellen Werten verglichen.

3.1.1 Ferrocen

Experimentell wurde gefunden [21], daß die verdeckte Konformation (Punktgruppe D_{5h}) in der Gasphase stabiler ist als die gestaffelte Konformation (Punktgruppe D_{5d}). Die Energiebarriere für die Rotation der Cyclopentadienylringe ist experimentell bekannt [22]. Sie beträgt 4 kJ/mol.
Zur Simulation des Ferrocens wurden MSINDO [3–5] und Q96 [6–9] verwendet. In den Q96-Rechnungen wurde als Austauschkorrelationspotential das VWN-VWN-Potential zusammen mit einem DZVP- (doppel-zeta plus Valenzpolarisation-) Basissatz sowie einem A2-Hilfsfunktionensatz verwen-

det. Mit Hilfe einer eingeschränkten Geometrieoptimierung wurden ausgewählte Abstände berechnet. Abbildung 3.1 zeigt die energetisch günstigste Konformation des Ferrocens, wie sie mit Q96 berechnet wurde.

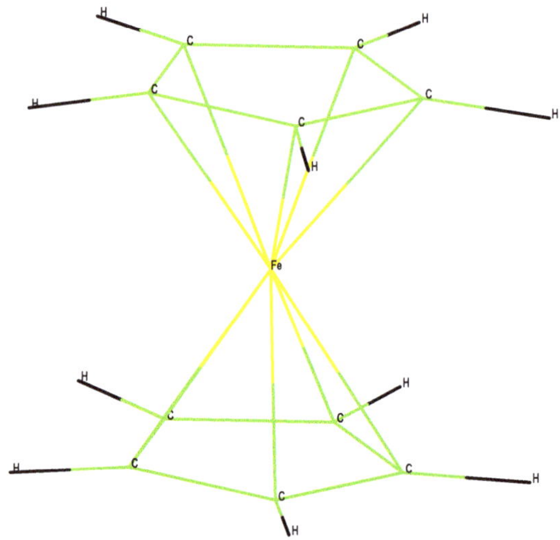

Abbildung 3.1: Ferrocen in der energetisch günstigsten Struktur in der Gasphase

Man erkennt, daß die Wasserstoffatome nach innen (zum Eisenatom hin) geneigt sind. Dies stimmt mit den experimentellen Ergenissen in der Literatur [23] überein. Die berechneten Werte werden in Tabelle 1 mit den experimentellen Werten verglichen.

Tabelle 1: Struktur des Ferrocens, Bindungsabstände (Å)

Abstand	MSINDO	Q96	Experiment[a]
Fe – C	2,062	2,009	2,03 ± 0,02
Cp – Cp	3,314	3,196	3,32
C – C	1,443	1,431	1,39 ± 0,06

[a] [22]

In Tabelle 1 bedeuten Cp – Cp den Abstand der beiden Cyclopentadienylringe und C – C den Abstand zweier benachbarter Kohlenstoffatome innerhalb desselben Cyclopentadienylrings.

Die Rechnungen stimmen mit dem experimentellen Befund darin überein, daß die verdeckte Konformation (Punktgruppe D_{5h}) in der Gasphase stabiler ist als die gestaffelte Konformation (Punktgruppe D_{5d}). Ebenfalls mit MSINDO (Abbildung 3.2) und Q96 (Abbildung 3.3) wurde die Rotationsbarriere für die Rotation der Cyclopentadienylringe berechnet.

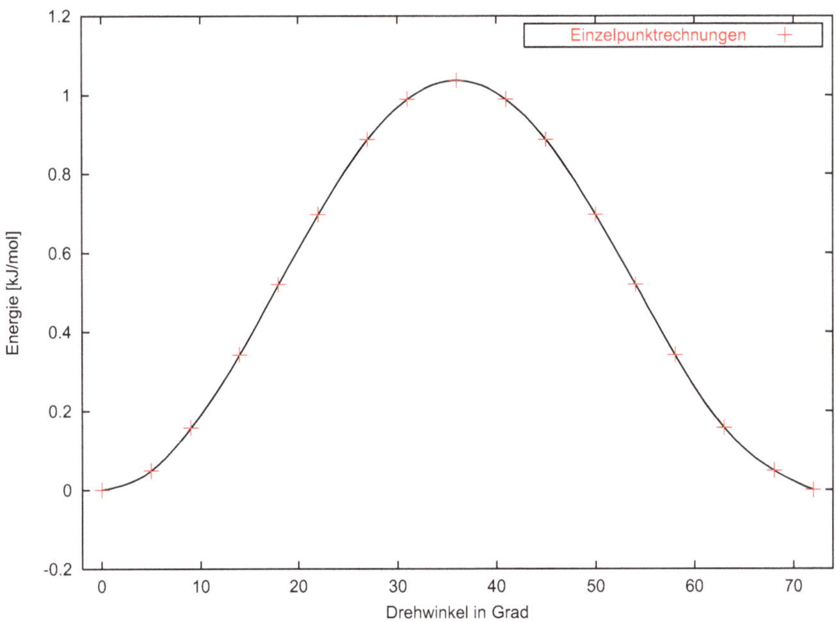

Abbildung 3.2: Rotationsbarriere des Ferrocens mit MSINDO berechnet

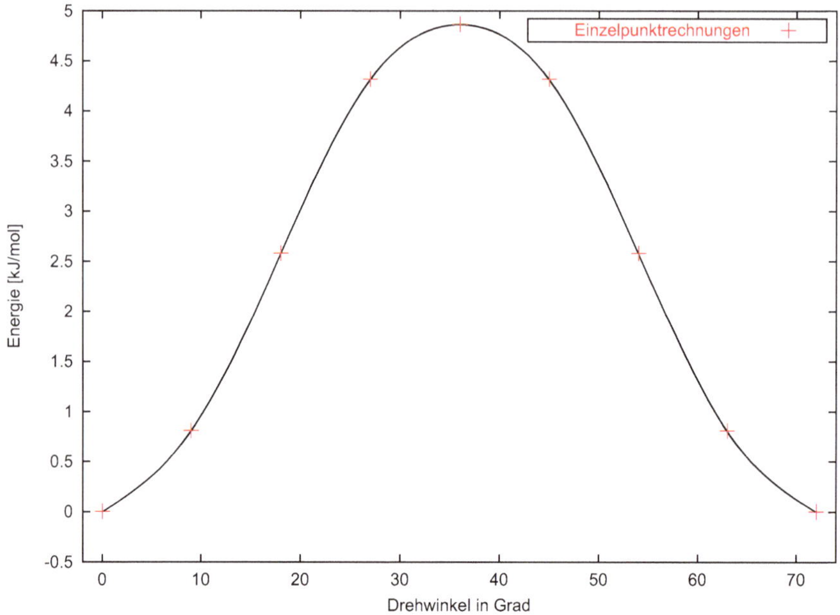

Abbildung 3.3: Rotationsbarriere des Ferrocens mit Q96 berechnet

Zur Berechnung der Rotationsbarriere wurde der eine Cyclopentadienylring relativ zum anderen schrittweise gedreht. Mit jeder Struktur wurde eine eingeschränkte Geometrieoptimierung durchgeführt und die Energie der optimierten Struktur berechnet. In den Abbildungen 3.2 und 3.3 wurde die Energiedifferenz in kJ/mol gegen den Rotationswinkel aufgetragen. Mit MSINDO wurde ein Wert von 1,1 kJ/mol für die Rotationsbarriere berechnet. Die Q96-Rechnung ergab hingegen einen Wert von 4,9 kJ/mol.

Experimentell wurde, wie oben erwähnt, eine Rotationsbarriere von 4 kJ/mol festgestellt [22]. Das bedeutet, daß MSINDO die Rotationsbarriere unterschätzt. Mit Q96 wird die Rotationsbarriere dagegen leicht überschätzt.

3.1.2 Funktionalisiertes Alkinylferrocen

Zunächst wurden die Energien verschiedener Konformationen des funktionalisierten Alkinylferrocens in Abbildung 3.4 berechnet.

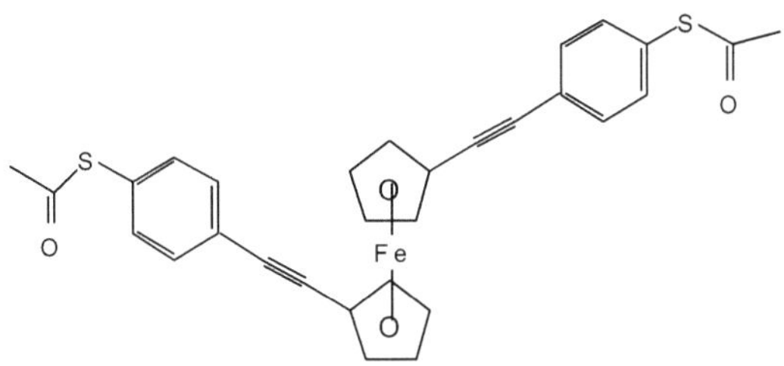

Abbildung 3.4: Ein Konformer des funktionalisierten Alkinylferrocens

In der Abbildung 3.4 beträgt der Winkel zwischen den Resten 144°. Es wurden Einzelpunktrechnungen zwischen 0° und 180° in 36°-Schritten durchgeführt. Bei allen Rechnungen lagen die Phenylringe in den Cyclopentadienylringebenen. Dabei hatte sich herausgestellt, daß das Konformer mit einem Winkel von 144° das stabilste war.

Um zu überprüfen, ob das globale Minimum gefunden wurde, wurde ein simulated annealing mit der Minimumstruktur aus der Geometrieoptimierung durchgeführt. Es wurden 500 Schritte zum Erwärmen auf 1500 K, 2000 Schritte zur Gleichgewichtseinstellung, 4000 Schritte zum Abkühlen auf 100 K und 1500 Schritte zum Abkühlen auf 0 K bei einer Schrittweite von 1 fs verwendet. Die Simulationsgesamtzeit betrug also 8 ps.

Die Struktur nach dem simulated annealing wurde einer Geometrieoptimierung unterzogen. Das Grundgerüst blieb gleich. Der Winkel zwischen den

Resten betrug 144°. Nur die Phenylringe waren um 19,5° und 63° relativ zur Cyclopentadienylringebene gedreht.

Es wurden Geometrieoptimierungen von Strukturen durchgeführt, in denen beide Phenylringe um 19.5° und um 63° gedreht waren. Die Struktur mit der Drehung beider Phenylringe um 19.5° (siehe Abbildung 3.5) erwies sich als energetisch günstigste Konformation.

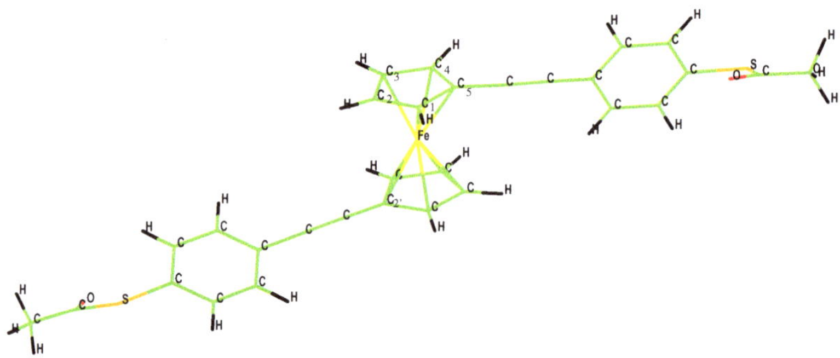

Abbildung 3.5: Das stabilste Konformer des funktionalisierten Alkinylferrocens

Von den drei Strukturen wurden weitere simulated annealings mit den oben angegebenen Temperaturen, Schrittanzahlen und Schrittweiten sowie anschließender Geometrieoptimierung durchgeführt, aber die Struktur in Abbildung 3.5 erwies sich als das globale Minimum.

Von der energetisch günstigsten Struktur (Abbildung 3.5) wurden ausgewählte Bindungslängen berechnet. Sie sind in Tabelle 2 angegeben.

Tabelle 2: Struktur des Alkinylferrocens, Bindungslängen (Å)

	R(Fe – C_i)	R(C_2 – $C_{2'}$)	R(C_2 – C_3)
Abstände in Å	2,060 – 2,064	3,309	1,443

Es liegen noch keine eingehenden experimentellen Untersuchungen des funktionalisierten Alkinylferrocens vor, so daß keine experimentellen Vergleichswerte zur Verfügung stehen.
Die Energiebarriere für die Rotation um 360° wurde mit MSINDO durch Einzelpunktrechnungen abgeschätzt. Zur Berechnung wurde der eine Cyclopentadienylring relativ zum anderen schrittweise um 36° gedreht. Als Referenz (Konformer mit einem Winkel von 144° zwischen den Resten) diente das globale Minimum. Bei jeder anderen Struktur lagen die Phenylringe in den Ebenen der Cyclopentadienylringe. Es wurde mit jeder angegebenen Struktur eine Geometrieoptimierung durchgeführt und die Energie der optimierten Struktur berechnet. In Tabelle 3 sind die Energien relativ zum globalen Minimum angegeben.

Tabelle 3: Rotation der Cyclopentadienylringe im Alkinylferrocen, Energien in kJ/mol und Winkel zwischen den Resten (°)

Winkel	180	144	108	72	36	0
Energie	6,8	0,0	7,3	6,8	8,6	9,3

Die Strukturen mit Winkeln zwischen den Resten von über 180° sind symmetrisch äquivalent zu den in Tabelle 3 angegebenen Strukturen. Aus den Einzelpunktrechnungen ergab sich eine Rotationsbarriere von 9,3 kJ/mol. Berücksichtigt man die Tatsache, daß die Berechnung der Energiebarriere der Rotation beim Ferrocen mit MSINDO ca. um den Faktor vier zu gering bestimmt wurde, so könnte die tatsächliche Rotationsbarriere des funktionalisierten Alkinylferrocens dichter an 36 kJ/mol als an den berechneten

9,3 kJ/mol liegen. Zumindest sollte sie nicht unterhalb der Energiebarriere der Rotation des unsubstituierten Ferrocens (4 kJ/mol) liegen. Übereinstimmend mit dieser Überlegung liegt die berechnete Rotationbarriere über 4 kJ/mol.

Es wurde weiterhin versucht, mit Hilfe der Übergangszustandssuche die Rotationsbarriere genauer zu berechnen. Die Optimierung konvergierte trotz mehrerer Fortsetzungen nicht.

Ferner wurden kanonische Ensembles bei verschiedenen Temperaturen mit einer Schrittweite von 1 fs und 10000 Schritten durchgeführt (Simulationsgesamtzeit also 10 ps), um die Rotation der Cyclopentadienylringe sowie der Phenylreste zu untersuchen.

Dabei wurde schon bei einer Temperatur von 70 K eine freie Rotation der Phenylringe beobachtet. Das bedeutet, daß dieses Ereignis bei dieser Temperatur sehr wahrscheinlich ist. Eine vollständige Rotation der Cyclopentadienylringe gegeneinander wurde selbst bei 1200 K noch nicht beobachtet. Ab 400 K wurde aber eine Drehung der Reste zwischen $+108°$ und $-108°$ beobachtet. Dies zeigt, daß bei dieser Temperatur eine eingeschränkte Rotation stattfinden kann.

Das bedeutet, daß das funktionalisierte Alkinylferrocen für die Anwendung in der molekularen Elektronik geeignet sein kann. Die Betrachtungen bezüglich der Rotation des Moleküls sprechen alle für die Anwendung in diesem Bereich. Der Bereich, in dem das Molekül eingeschränkt rotiert, reicht aus, damit es die Elektrodenoberflächen erreichen kann. Die Tatsache, daß es anscheinend sehr hoher Energien bedarf, um eine freie Rotation zu erreichen, spricht dafür, daß nicht beide Thiolgruppen mit derselben Goldelektrode eine Bindung eingehen.

Die freie Rotation der Phenylringe bedeutet, daß die Thiolgruppe leichter eine bindende Wechselwirkung mit der Goldoberfläche eingehen kann.

Es wurden weitere kanonische Ensembles simuliert. Die Schrittweite betrug 0,2 fs. Das Ensemble wurde über 10000 Schritte, also 2 ps, simuliert. Aus den Ergebnissen wurde ein IR-Spektrum errechnet (Abbildung 3.6).

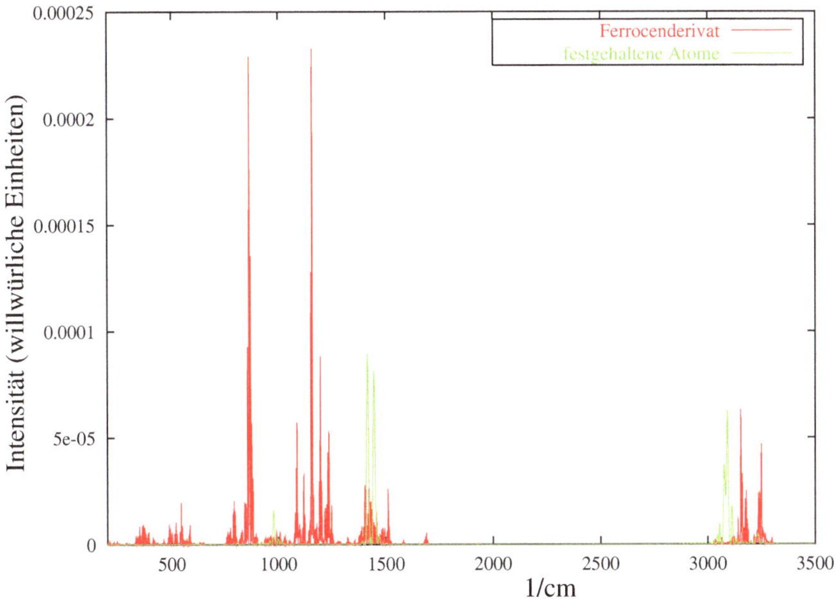

Abbildung 3.6: Errechnetes IR-Spektrum des funktionalisierten Alkinylferrocens

Der rote Teil des IR-Spektrums wurde durch die Simulation eines kanonischen Ensembles wie oben beschrieben berechnet. Der grüne Teil ist das Resultat eines kanonischen Ensembles, bei dem die Kohlenstoff- und Wasserstoffatome der Phenylringe und die Carbonylkohlenstoffatome festgehalten wurden. Daraus erkennt man, daß die Absorptionsbande bei 1500 cm^{-1}

– und nicht die bei 1600 cm^{-1} – von der Carbonylschwingung herrührt. Die Carbonylbande ist zu niedrigeren Wellenzahlen hin verschoben, weil sie durch die Rotation der Methylgruppe beeinträchtigt wird. Könnte man die Simulation über einen deutlich längeren Zeitraum durchführen, so würde sie bei höheren Wellenzahlen (ca. 1700 cm^{-1}) erscheinen.
Durch die Rotation der Phenylringe hat die Carbonylbande beim roten Teil des Spektrums eine geringere Intensität als im grünen Teil des Spektrums. Durch einen deutlich längeren Simulationszeitraum könnte man diese Rotationseffekte beseitigen.

3.2 Untersuchungen an Cobaltkomplexverbindungen

3.2.1 Parametrisierung

Zunächst wurde festgestellt, daß das Programm MSINDO nicht für Bindungen zwischen Phosphor-Atomen und Übergangsmetall-Atomen parametrisiert war. Daher wurde der Abschirmungs-Parameter $\kappa_3(15)$, der zur Beschreibung der Wechselwirkungen zwischen Phosphor und den $3d$-Übergangsmetallen verwendet wird (Gleichung 2.23), angepaßt.

In der Literatur sind nur wenige Cobalt-Phosphor-Verbindungen experimentell untersucht. Für die Parametrisierung wurden neben der experimentell bestimmten Bildungsenthalpie von $HCo(PF_3)_4$ (-973 kJ/mol) [24] (Abbildung 3.7) die mit Hilfe von DFT-Rechnungen [25] bestimmten Co-P-Bindungslängen r_1(Co-P) = 2,27 Å, r_2(Co-P) = 2,24 Å im tetraedrischen High-spin-Komplex von $Co(PH_3)_2ClNH_3$ (Abbildung 3.8) verwendet.

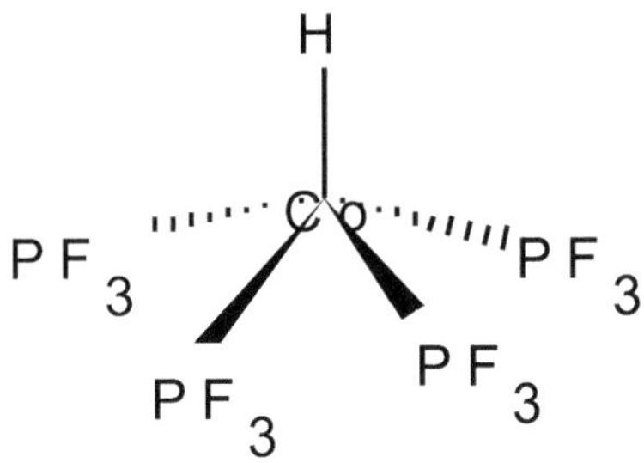

Abbildung 3.7: $HCo(PH_3)_4$

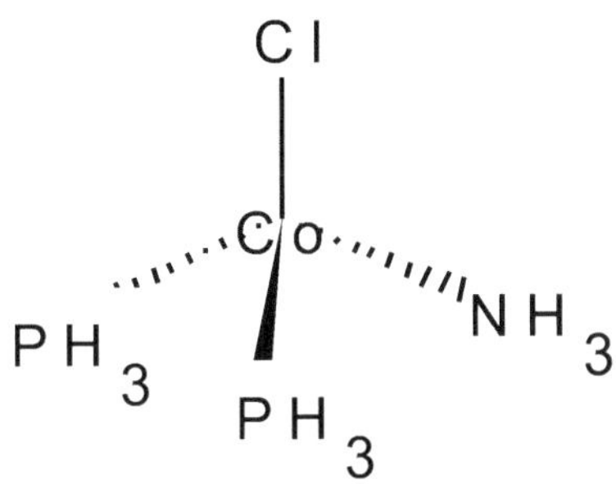

Abbildung 3.8: $CoCl(PH_3)_2NH_3$

Die manuelle Auslenkung des Abschirmparameters ergab einen optimierten Wert von $\kappa_3(15) = 0{,}6103$. Die Abweichungen betrugen -20,7 kJ/mol und +0,060 Å bzw. +0,087 Å für die Bildungsenthalpie und die Co-P-Bindungslängen. Anschließend wurden Geometrieoptimierungen mit MSINDO für das Cobaltocen selbst und die erwähnten Derivate durchgeführt.

3.2.2 Cobaltocen

Cobaltocen ist ein Komplex mit ungepaarten Elektronen. Daher bestand die Möglichkeit, die MSINDO-Rechnung nach der ROHF- oder der UHF-

Methode durchzuführen. Die Rechnungen mit der ROHF-Methode zeigten Konvergenzprobleme bei dem SCF-Zyklus. Daher wurde für die Rechnungen die UHF-Methode verwendet. Mit Hilfe einer Geometrieoptimierung wurden ausgewählte Abstände berechnet.

Abbildung 3.9 zeigt das stabilste Konformer.

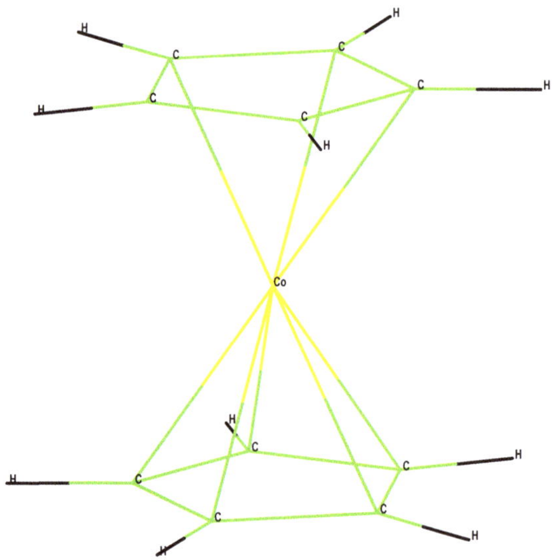

Abbildung 3.9: Cobaltocen in der energetisch günstigsten Struktur

Für den Abstand zweier benachbarter Kohlenstoffatome wurde ein Abstand von 1,436 Å berechnet. Die Cobalt-Kohlenstoffabstände betragen 2,116 Å und stimmen mit dem experimentell gefundenen Abstand von 2,12 Å [22] sehr gut überein. Der Abstand der beiden Cyclopentadienylringe beträgt 3,455 Å. Ebenfalls mit den experimentell gefundenen Werten der Literatur [22] übereinstimmend, wurde errechnet, daß die gestaffelte Konformation (Punktgruppe D_{5d}) stabiler ist als die verdeckte Konformation. Die Rotationsbarriere des Cobaltocens wurde mit MSINDO auf 3,8 kJ/mol berechnet.

Dem Autor lagen keine experimentellen Werte für den Abstand der Cyclopentadienylringe, zweier benachbarter Kohlenstoffatome und die Rotationsbarriere vor. Das Cobaltocen ist nicht so gut untersucht wie das Ferrocen, da es als 19-Elektronen-Komplex wesentlich weniger stabil ist als der entsprechende kationische Komplex.

3.2.3 (Di-*tert*-butylphosphanylethyl)-cyclopentadienyl-cobalt(II)-chlorid

Die mit MSINDO errechnete Struktur von (Di-*tert*-butylphosphanylethyl)-cyclopentadienylcobalt(II)-chlorid ist in Abbildung 3.10 dargestellt.

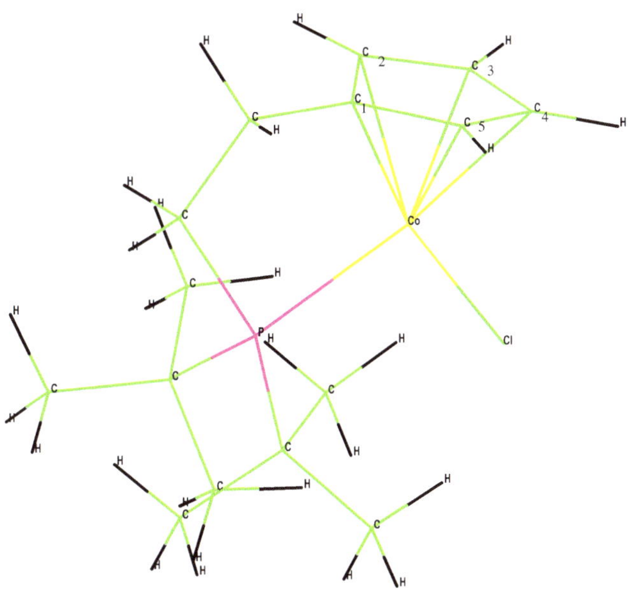

Abbildung 3.10: (Di-*tert*-butylphosphanylethyl)-cyclopentadienylcobalt(II)-chlorid

Dieses Cobaltocenderivat wurde bereits synthetisiert, untersucht [2] und in der katalytischen Hydrosilylierung erfolgreich verwendet. Es ist ein paramagnetischer Komplex. Dieses offenschalige System wurde mit ROHF-Rechnungen berechnet.

Um das globale Minimum des Komplexes zu finden, wurde ein simulated annealing mit einer Schrittlänge von 1 fs durchgeführt. Es wurden 200 Schritte zum Erhitzen auf 600 K, 1000 Schritte zur Gleichgewichtseinstellung, 3000 Schritte zum Abkühlen auf 100 K und 1000 Schritte zum Abkühlen auf 0 K verwendet. Von der letzten Struktur des simulated annealings wurde eine Geometrieoptimierung durchgeführt. Als Resultat ergab sich die Struktur aus Abbildung 3.10. Des weiteren wurde eine Geometrieoptimierung, ausgehend von der Kristallstruktur aus [2], durchgeführt. Es ergab sich, daß das simulated annealing mit Geometrieoptimierung die Optimierung der Kristallstruktur bestätigte. Tabelle 4 vergleicht ausgewählte Bindungslängen mit der Kristallstruktur nach [2].
Der Bindungswinkel Cl – Co – P wurde zu 102,2° berechnet. Experimentell wurde in der Kristallstruktur ein Wert von 103,5 ± 0,1° festgestellt. Der berechnete Bindungswinkel stimmt recht gut mit dem Experiment überein.

Die deutlich größte Abweichung zeigt der Cobalt-Phosphor-Abstand. Das liegt an der Parametrisierung. Es wurde nur ein Parameter von vielen im Rahmen dieser Arbeit variiert. Würde man weitere Parameter mit einbeziehen, dann würden die Ergebnisse wahrscheinlich auch genauer. Der zeitliche Rahmen, in dem diese Studie durchgeführt wurde, war eine vollständige Parametrisierung des Elementes Phosphor bezüglich der Übergangsmetalle der dritten Periode nicht möglich.

In der Parametrisierung ergab sich immer noch eine Differenz in den Bindungslängen des mit dem „optimalen“ Parameter berechneten Wertes von 0.06 Å bzw. 0,087 Å im Vergleich zu dem mit der Dichtefunktionaltheorie berechneten Wert.

Tabelle 4: Struktur des (Di-*tert*-butylphosphanylethyl)-cyclopentadienylcobalt(II)-chlorids, Bindungslängen (Å)

Abstand	MSINDO	experimentell[a]
Co – P	2,419	2,204 ± 0,002
Co – Cl	2,152	2,195 ± 0,002
Co – C_1	2,060	2.020 ± 0,006
Co – C_2	2,122	2,072 ± 0,006
Co – C_3	2,081	2,109 ± 0,006
Co – C_4	2,140	2,103 ± 0,006
Co – C_5	2,196	2,097 ± 0,006

[a] [2]

3.2.4 (Di-*tert*-butylphosphanylethyl)-cyclopentadienylcobalt(III)-dicyanid

Das (Di-*tert*-butylphosphanylethyl)-cyclopentadienylcobalt(III)-dicyanid (Abbildung 3.11) wurde ebenfalls synthetisiert und untersucht [2]. Es ist ein diamagnetischer Komplex. Daher wurden RHF-Rechnungen für dieses geschlossenschalige System durchgeführt. Um das globale Minimum zu finden, wurden simulated annealings bei Temperaturen von 400 K, 500 K und 600 K durchgeführt. Als Schrittweite wurde jeweils 1 fs gewählt. Es wurden 200 Schritte zum Erhitzen, 1000 Schritte zur Gleichgewichtseinstellung, 3000 Schritte zum Abkühlen bis 100 K und 1000 Schritte zum Abkühlen bis auf 0 K verwendet.

Nach dem simulated annealing wurde eine Geometrieoptimierung durchgeführt. Die resultierende Struktur ist in Abbildung 3.11 dargestellt.

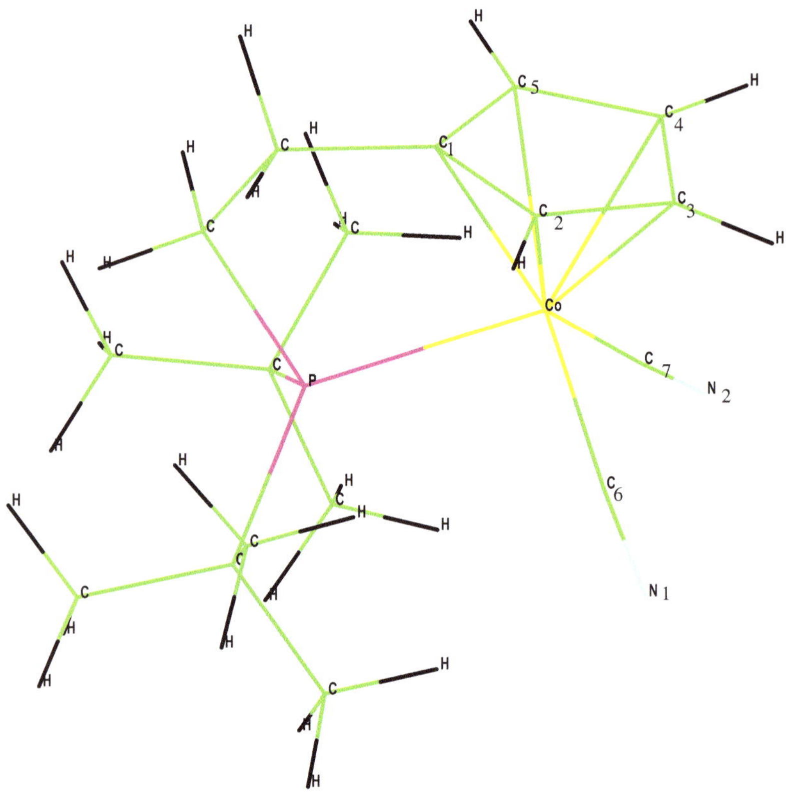

Abbildung 3.11: (Di-*tert*-butylphosphanylethyl)-cyclopentadienylcobalt(III)-dicyanid

In Tabelle 5 sind ausgewählte Bindungswinkel mit den experimentellen Daten aus [2] verglichen. Der Bindungswinkel C_6 – Co – P ist nahezu identisch mit dem experimentellen Wert. Knapp außerhalb des experimentellen Wertebereichs liegen ebenfalls die Bindungswinkel $N_1 - C_6 - Co$ und $N_2 - C_7 - Co$. Eine deutliche Abweichung vom experimentellen Wert zeigen die Winkel $C_6 - Co - C_7$ und $C_7 - Co - P$.

Tabelle 5: Struktur des (Di-*tert*-butylphosphanylethyl)-cyclopentadienylcobalt(III)-dicyanids, Bindungswinkel (°)

Winkel	MSINDO	experimentell[a]
$C_6 - Co - P$	97,7	97,1 ± 0,1
$C_7 - Co - P$	96,7	100,4 ± 0,1
$N_1 - C_6 - Co$	175,1	176,8 ± 0,3
$N_2 - C_7 - Co$	177,8	175,6 ± 0,3
$C_6 - Co - C_7$	84,7	87,9 ± 0,1

Winkel	MSINDO	experimentell[a]
$C_7 - Co - P$	96,7	100,4 ± 0,1
$N_1 - C_6 - Co$	175,1	176,8 ± 0,3
$N_2 - C_7 - Co$	177,8	175,6 ± 0,3
$C_6 - Co - C_7$	84,7	87,9 ± 0,1

[a] [2]

In Tabelle 6 sind ausgewählte Bindungslängen mit experimentellen Werten aus [2] verglichen.

Tabelle 6: Struktur des (Di-*tert*-butylphosphanylethyl)-cyclopentadienylcobalt(III)-dicyanids, Bindungslängen (Å)

Abstand	MSINDO	experimentell[a]
$Co - P$	2,497	2,258 ± 0,001
$Co - C_1$	2,096	2,065 ± 0,03
$Co - C_4$	2,029	2,074 ± 0,003
$C_6 - Co$	1,853	1,874 ± 0,004
$C_7 - Co$	1,851	1,879 ± 0,004

[a] [2]

Von den Bindungslängen weicht der Co – P – Abstand mit einer Differenz von 0,24 Å am stärksten vom experimentellen Wert ab. Die Cobalt-Kohlenstoff-Abstände liegen alle recht dicht an den experimentellen Werten. Genauso wie beim (Di-*tert*-butylphosphanylethyl)-cyclopentadienylcobalt(II)-chlorid hätte der berechnete Co – P – Abstand eine geringere Differenz zum Literaturwert aufgewiesen, wenn mehrere Parameter in die Parametrisierung mit aufgenommen worden wären. Eine vollständig Parametrisierung ist sehr aufwendig. Daher wurde nur der Abschirmungsparameter angepaßt. Der vorgegebene Zeitrahmen für diese Studie erlaubte keine ausführliche Parametrisierung, wie schon beim (Di-*tert*-butylphosphanylethyl)-cyclopentadienylcobalt(II)-chlorid erläutert.

Des weiteren wurde ein kanonisches Ensemble simuliert, um ein IR-Spektrum zu berechnen. Als Temperatur wurde 200 K, als Schrittweite 0,5 fs und als Schrittanzahl 10000 Schritte gewählt. Abbildung 3.12 zeigt das berechnete IR-Spektrum.

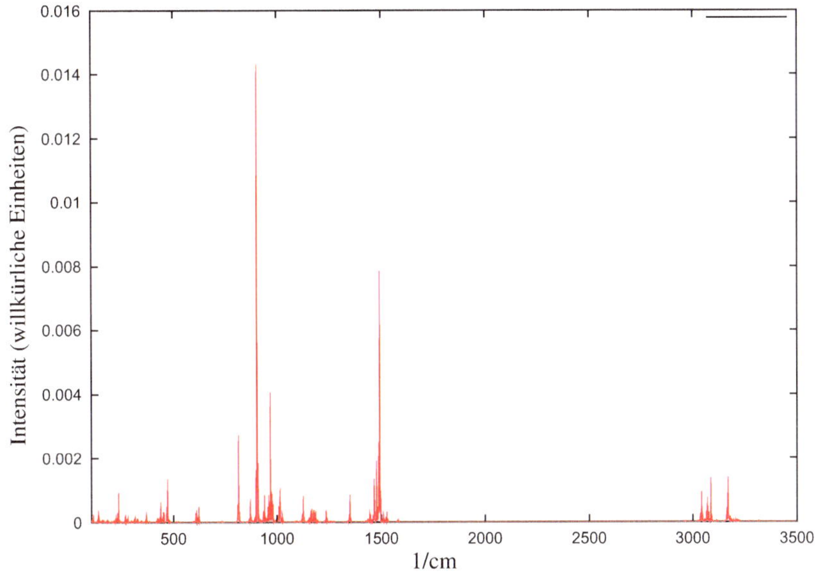

Abbildung 3.12: IR-Spektrum von (Di-*tert*-butylphosphanylethyl)-cyclopentadienylcobalt(III)-dicyanid

3.2.5 ((Dinaphtalinyloxo)-phosphanylethyl)-cyclopentadienylcobalt(II)-chlorid

Dieses Cobaltocenderivat (Abbildung 3.13) ist genauso wie das (Di-*tert*-butylphosphanylethyl)-cyclopentadienylcobalt(II)-chlorid (Abbildung 3.10) ein paramagnetischer Komplex. Bislang ist die Herstellung dieser Verbindung noch nicht gelungen. Man geht wegen des ähnlichen strukturellen Aufbaus davon aus, daß es ebenfalls katalytisch aktiv ist. Des weiteren ist es chiral. Daher hofft man, mit diesem Komplex eine katalytische Hydrosilylierung mit hohem Enantiomerenübersc huß durchführen zu können. Die Chiralität kommt in Abbildung 3.13 nicht zur Geltung, da die räumliche Anordnung

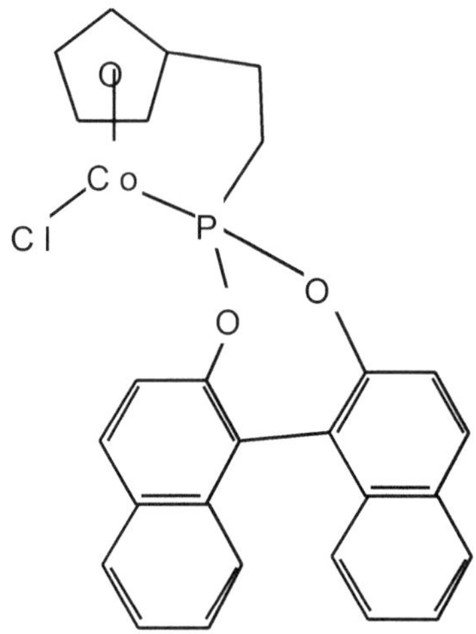

Abbildung 3.13: ((Dinaphthalinyloxo)-phosphanylethyl)-cyclopentadienylcobalt(II)-chlorid

der Naphtalinylringe nicht berücksichtigt wurde, weil Abbildung 3.13 nur schematisch die Konnektivität der beteiligten Atome veranschaulichen sollte. Abbildung 3.14 zeigt die exakte räumliche Anordnung.

Um zu berechnen, ob dieses Cobaltocenderivat existieren kann, wurden ROHF-Rechnungen durchgeführt. Aufgrund der Molekulardynamik-Rechnungen und Geometrieoptimierungen ergab sich, daß ein mindestens lokales Minimum für diese Struktur existiert. Es ist in Abbildung 3.14 dargestellt.

Es wurden zwei simulated annealings durchgeführt, wobei in jeweils 200 Schritten auf 500 K und auf 400 K geheizt wurde. Für die Gleichgewichtseinstellung wurden 500 Schritte und für das Abkühlen auf 100 K und 0 K wurden jeweils 1000 Schritte gewählt. Die Schrittweite betrug 1 fs.

Bei dem simulated annealing bei 500 K brach die Cobalt-Phosphorbindung, und es entstand eine lineare Cl – Co – C_1 – C – C – P – Kette. Beim Abkühlen bildete sich die Co – P – Bindung nicht mehr zurück. Der SCF-Zyklus konvergierte für diese Struktur nicht.

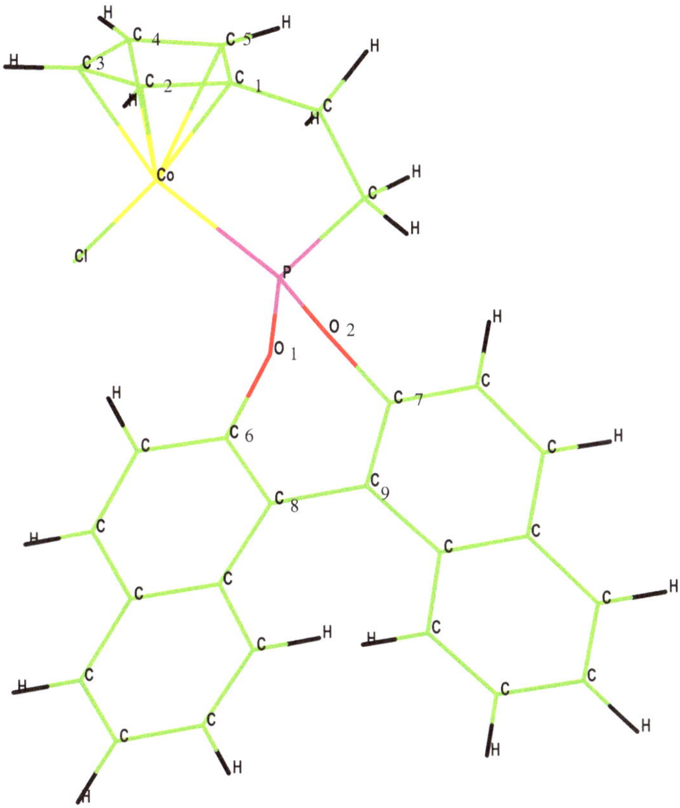

Abbildung 3.14: Globales Minimum von ((Dinaphthalinyloxo)-phosphanylethyl)-cyclopentadienylcobalt(II)-chlorid

Das zeigt, daß dieser Komplex ab Temperaturen von ca. 500 K nicht mehr stabil ist, sondern zerfällt. Möglicherweise ist das der Grund, weshalb bisher noch keine Synthese gelungen ist. Bei den schon synthetisierten Cobaltkomplexen wurden simulated annealings bei 600 K durchgeführt, und die Cobalt-Phosphor-Bindung blieb stabil.

Bei dem simulated annealing bei 400 K blieb die Cobalt-Phosphor-Bindung stabil. Als Minimumstruktur ergab sich das Konformer in Abbildung 3.14.

Von der optimierten Struktur in Abbildung 3.14 wurde ein weiteres simulated annealing bei 400 K mit den oben angegebenen Parametern durchgeführt, um sicher zu gehen, daß tatsächlich das globale Minimum gefunden wurde. Das bisherige globale Minimum wurde bestätigt.

In Tabelle 7 sind ausgewählte Bindungslängen und in Tabelle 8 Bindungswinkel aufgeführt.

Der $C_6 - C_8 - C_9 - C_7$ – Diederwinkel beträgt $-52,7°$. Durch diese spezielle räumliche Lage der Naphtalinylringe wird die Chiralität des Komplexes hervorgerufen.

Für dieses Molekül sind keine experimentellen Daten verfügbar, da es noch nicht gelungen ist, es zu synthetisieren, aber man kann einige Bindungslängen und -Winkel mit den beiden anderen untersuchten Komplexen vergleichen. Am besten eignet sich dafür das (Di-*tert*-butylphosphanylethyl)-cyclopentadienylcobalt(II)-chlorid.

Tabelle 7: ((Dinaphthalinyloxo)-phosphanylethyl)-cyclopentadienylcobalt(II)-chlorid, Bindungslängen (Å)

	Co – P	Co – C_1	Co – C_2	Co – C_3
Abstand	2,308	2,054	2,113	2,055

	Co – C_4	Co – C_5	Co – Cl	$C_8 - C_9$
Abstand	2,152	2,192	2,135	1,500

Der Chlor-Cobalt-Phosphor-Bindungswinkel ist mit 102,1° gegenüber 102,2°

Tabelle 8: ((Dinaphthalinyloxo)-phosphanylethyl)-cyclopentadienylcobalt(II)-chlorid, Bindungswinkel (°)

	Cl – Co – P	P – O_1 – C_6	P – O_2 – C_7
Winkel	102,1	114,2	119,4

nahezu identisch. Der Cobalt-Phosphor-Abstand ist mit 2,308 Å gegenüber 2,419 Å deutlich dichter am Literaturwert für das di-*tert*-butyl-Derivat von 2,204 Å. Die Cobalt-Kohlenstoff-Abstände sind bis auf geringe Differenzen (bis zu 0,05 Å) identisch. Ebenfalls nahezu identisch ist der Cobalt-Chlor-Abstand mit 2,135 Å gegenüber 2,152 Å. Sehr interessant ist der Abstand C_8 – C_9. Er liegt im Bereich einer typischen C – C – Einfachbindung.

Ein kanonisches Ensemble wurde bei 200 K mit einer Schrittweite von 0,5 fs simuliert. Die Simulationsdauer betrug 10000 Schritte. Die Simulation umfaßte also 5 ps.
Aus den Ergebnissen des kanonischen Ensembles wurde ein IR-Spektrum berechnet. Es ist in Abbildung 3.15 dargestellt. Gut zu erkennen sind die Absorptionsbanden der aromatischen Naphtalinylringe und des Cyclopentadienylringes oberhalb von 3000 cm^{-1}. Besonders interessant ist dieses Spektrum, weil es noch kein experimentelles Pendant gibt.

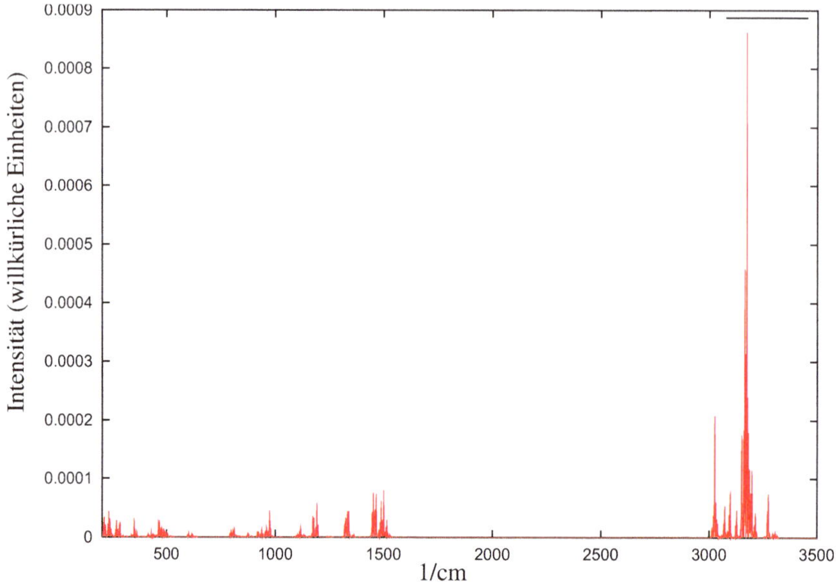

Abbildung 3.15: IR-Spektrum von ((Dinaphthanyloxo)-phosphanylethyl)-cyclopentadienyl-cobalt(II)-chlorid

Kapitel 4

Zusammenfassung und Ausblick

4.1 Molekulare Elektronik

In den fünfziger Jahren des zwanzigsten Jahrhunderts löste die Möglichkeit, komplette Schaltkreise (Drähte, Widerstände, Transistoren und Kondensatoren) auf ein und demselben Siliciumchip unterbringen zu können, gewaltige Fortschritte der Rechenleistung damaliger Computer aus. Durch die Verbesserung bestehender und Entwicklung neuer Herstellungsverfahren konnten immer kleinere Siliciumchips hergestellt werden. Nach dem „Mooreschen Gesetz" verdoppelt sich die Zahl der Transistoren pro Quadratzentimeter Silicium jedes Jahr. 1975 hat Gordon Moore seine Aussage selbst revidiert und ging von einer zweijährlichen Verdopplung aus. In absehbarer Zeit stößt man an die Grenzen der herkömmlichen Miniaturisierung.
Die molekulare Elektronik könnte den Computerbereich ähnlich revolutionieren wie einst der Einsatz von Siliciumchips. Mit den durchgeführten quantenchemischen Rechnungen wurde gezeigt, daß das funktionalisierte Alkinylferrocen (Abbildung 3.5) sich für die Anwendung im Bereich der molekularen Elektronik eignen kann. Die festgestellte eingeschränkte Drehbarkeit der Cy-

clopentadienylringe spricht dafür.
Das untersuchte funktionalisierte Alkinylferrocen eignet sich „nur" als molekularer Draht. Es wäre sinnvoll, sich nun mehr mit molekularen Speicherelementen zu befassen. Besonders interessant ist der Ansatz, nicht nur ein Bit, sondern mehrere Bits pro Molekül zu speichern, weil dadurch eine höhere Speicherdichte erreicht werden kann.

4.2 Enantioselektive Hydrosilylierung

Für viele Verfahren industrieller Produkte existieren katalytische Verfahren. Trotzdem werden die meisten technischen Großprodukte auf konventionellem Wege hergestellt: über klassische Synthesewege.
Oft sind schon Produktionsanlagen gebaut und müssen sich erst rentieren, bevor neue Technologien in der Industrie eingesetzt werden, weil die existierenden Anlagen sich nicht für innovative Techniken eignen.
Viele katalytische Verfahren werden nicht verwendet, obwohl sie einen höheren Umsatz haben und weniger Substanzen und Energie verbraucht werden, weil sie nicht wie im konventionellen Betrieb im Lösungsmittel Wasser ablaufen, sondern in organischen Lösungsmitteln, die (im Regelfall) teuer entsorgt werden müssen. Daher lohnt sich ein katalytisches Verfahren finanziell meist nicht, aber aus Umweltaspekten wäre es zu bevorzugen.
In der Herstellung von Polymeren konnte sich die Ziegler-Natta-Katalyse durchsetzen, weil man mit ihr die Taktizität von Polymeren bestimmen kann. Genauso werden katalytische Verfahren meist bevorzugt, wenn sie enantioselektiv verlaufen. Herkömmliche Synthesen sind im Regelfall nicht stereospezifisch, so daß es möglich wäre, daß sich die enantioselektive Hydrosilylierung

als Zwischenschritt in der Siliconsynthese gegenüber dem Müller-Rochow-Verfahren durchsetzt.

Der Versuch der enantioselektiven Hydrosilylierung ist bisher an der Synthese des Katalysators gescheitert. In den durchgeführten quantenchemischen Untersuchungen hat sich herausgestellt, daß die bisher synthetisierten (achiralen) Katalysatoren bei höheren Temperaturen stabil sind als das chirale Derivat (Abbildung 3.14). Möglicherweise könnte eine Tieftemperatursynthese gelingen. Die Konstitutions-Variante, die in der Molekulardynamik als „Zerfallsprodukt" erhalten wurde, konvergierte im SCF-Zyklus nicht. Daher ist anzunehmen, daß eine Tieftemperatursynthese Erfolg haben dürfte.

Wenn sich zeigt, daß die Synthese von Siliconen aus chiralen Silanen ähnliche Vorteile wie die Bestimmung der Taktizität in Kunststoffen hat, könnte sich die enantioselektive Hydrosilylierung gegenüber dem Müller-Rochow-Verfahren durchsetzen, was unter Umweltaspekten zu begrüßen wäre und neue Anwendungsgebiete eröffnen könnte.

Literaturverzeichnis

[1] R. L. Carroll, C. B. Gorman, *Angewandte Chemie* **114**, 4556-4579 (2002).

[2] A. Kakoschke, L. Yong, R. Wartchow, H. Butenschön, *Journal of Organometallic Chemistry* **674**, 86-95 (2003).

[3] B. Ahlswede, K. Jug, *J. Comput. Chem.* **20**, 563 (1999).

[4] T. Bredow, G. Geudtner, K. Jug, *J. Comput. Chem.* **22**, 861 (2001).

[5] F. Janetzko, T. Bredow, K. Jug, *J. Chem. Phys.* **116**, 8994 (2002).

[6] A. M. Köster, Habilitationsschrift, Universität Hannove r (1998).

[7] A. M. Köster, *J. Chem. Phys.* **104**, 4114 (1996).

[8] M. Krack, A. M. Köster, *J. Chem. Phys.* **108**, 3226 (1998).

[9] B. Zimmermann, Dissertation, Universität Hannover (1999) .

[10] M. Major, H. B. Weber, *Nachrichten aus der Chemie* **50**, 1212-1217 (2002).

[11] M. A. Reed, C. Zhou, C. J. Muller, T. P. Burgin, J. M. Tour, *Science* **278**, 252-254 (1997)

[12] M. Ernzerhof, M. Zhuang, *J. Chem. Phys.* **119**, 4134-4140 (2003)

[13] A. F. Holleman, E. Wiberg, N. Wiberg, *Anorganische Chemie*, Frankfurt, deGryter, 1995.

[14] Ira N. Levine, *Quantum Chemistry*, Fifth Edition, New Jersey, Prentice Hall, 2000.

[15] A. Szabo, N. Ostlund, *Modern Quantum Chemistry*, First Edition, New York, Dover Publications Inc., 1996.

[16] W. Koch, M. C. Holthausen, *A Chemist's Guide to Density Functional Theory*, Weinheim, Wiley-VCH, 2000.

[17] R. Fletcher, M. J. D. Powell, *Comput. J.* **6**, 163 (1963)

[18] B. A. Murtagh, R. W. H. Sargent, *Comput. J.* **13**, 185 (1972)

[19] a) C. G. Broyden, *J. Inst. Math. Appl.* **6**, 76 (1970)
b) R. Fletcher, *Comput. J.* **13**, 317 (1972)
c) D. Goldfarb, *Math. Comput.* **24**, 23 (1970)
d) D. F. Shanno, *Math. Comput.* **24**, 647 (1970)

[20] G. J. Martyna, M. L. Klein, and M. Tuckerman, *J. Chem. Phys.* **97**, 2635-2645 (1992).

[21] J. E. Huheey, E. Keiter, R. L. Keiter, *Anorganische Chemie*, 2. Auflage, Frankfurt, deGruyter, 1995.

[22] D. F. Shriver, P. W. Atkins, C. H. Langford, *Anorganische Chemie*, Weinheim, VCH, 1992.

[23] J. H. Callomon, E. Hirota, K. Kuchitsu, W. J. Lafferty, A. G. Maki, C. S. Pote, *Structure data on Free Polyatomic Molecules*, Landolt-Börnstein, New Series, Group II, **7**, Berlin, Eds. K.-H. Hellwege (Springer-Verlag), 1976.

[24] V. S. Yungman *Thermal Constants of Substances*, New York, Wiley, 1999.

[25] H. M. Senn, P. E. Blöchl, A. Togni, *Journal of the American Chemical Society* **122**, 4089-4107 (2000).